essentials

Essentials liefern aktuelles Wissen in konzentrierter Form. Die Essenz dessen, worauf es als „State-of-the-Art" in der gegenwärtigen Fachdiskussion oder in der Praxis ankommt, komplett mit Zusammenfassung und aktuellen Literaturhinweisen. Essentials informieren schnell, unkompliziert und verständlich

- als Einführung in ein aktuelles Thema aus Ihrem Fachgebiet
- als Einstieg in ein für Sie noch unbekanntes Themenfeld
- als Einblick, um zum Thema mitreden zu können.

Die Bücher in elektronischer und gedruckter Form bringen das Expertenwissen von Springer-Fachautoren kompakt zur Darstellung. Sie sind besonders für die Nutzung als eBook auf Tablet-PCs, eBook-Readern und Smartphones geeignet.

Essentials: Wissensbausteine aus Wirtschaft und Gesellschaft, Medizin, Psychologie und Gesundheitsberufen, Technik und Naturwissenschaften. Von renommierten Autoren der Verlagsmarken Springer Gabler, Springer VS, Springer Medizin, Springer Spektrum, Springer Vieweg und Springer Psychologie.

Manfred Schmid

Additive Fertigung mit Selektivem Lasersintern (SLS)

Prozess- und Werkstoffüberblick

Dr. Manfred Schmid
Inspire AG
St. Gallen
Schweiz

ISSN 2197-6708 ISSN 2197-6716 (electronic)
essentials
ISBN 978-3-658-12288-1 ISBN 978-3-658-12289-8 (eBook)
DOI 10.1007/978-3-658-12289-8

Die Deutsche Nationalbibliothek verzeichnet diese Publikation in der Deutschen Nationalbibliografie; detaillierte bibliografische Daten sind im Internet über http://dnb.d-nb.de abrufbar.

Springer Vieweg

Gedruckt auf säurefreiem und chlorfrei gebleichtem Papier

Springer Fachmedien Wiesbaden ist Teil der Fachverlagsgruppe Springer Science+Business Media (www.springer.com)

Vorwort

Durch den aktuellen Medienhype zum 3D-Drucken entsteht gelegentlich der Eindruck, dass es sich bei den Methoden der additiven Fertigung um neue technologische Entwicklungen handelt, welche andere Fertigungstechnologien in naher Zukunft komplett ersetzen oder zum großen Teil überflüssig machen werden (Disruptive Technologie). Dabei wird ausgeblendet, dass mit dem sogenannten Rapid Prototyping (RP) in den Entwicklungsabteilungen und im Prototypenbau vieler Firmen zum Teil seit Jahrzehnten intensiv gearbeitet wird, um Entwicklungszyklen sowie Produktoptimierung zu beschleunigen.

Die 3D-Druck-Verfahren sind also zum großen Teil nicht neu, sondern unterliegen wie andere Produktionstechnologien auch einer evolutionären Entwicklung und sind weniger Teil einer „Revolution". Die technologische Reife, die bei einigen additiven Verfahren mittlerweile erreicht ist, führt das „Additiv Manufacturing (AM)" nun in Bereiche, in denen neben dem Prototypenbau mehr und mehr auch echte Funktionsteile in den Anwendungsfokus rücken. Vor diesem Hintergrund ist eine Neubewertung der Möglichkeiten und Grenzen der wichtigsten vorhandenen additiven Verfahren geboten.

Selektives Lasersintern (SLS) ist eines der Verfahren, welches nach aktueller Einschätzung am ehesten in der Lage sein wird, kurz- und mittelfristig die Grenze zwischen RP und AM zu überwinden. Dieser Sprung ist erheblich, da es völlig neue Ansätze bei der Prozesssicherheit und Bauteilqualität verlangt. Plakativ gesprochen: Prototypen stehen im Schaukasten einer Messepräsentation – AM-Teile sind Funktionsteile im technischen Einsatz.

Inhaltsverzeichnis

1 Einleitung

Das vorliegende *essential* stellt verschiedene Technologien vor, die zu den additiven Verfahren gezählt werden, und es gibt einen kurzen Einstieg in die Prozessprinzipien und Werkstoffe. Für die Herstellung von technischen Teilen auf Kunststoffbasis wird beim „Additive Manufacturing (AM)“ häufig mit selektivem Lasersintern (SLS) gearbeitet, hauptsächlich wenn mechanisch stabile Teile mit gewissen Langzeiteigenschaften gefordert sind.

Der aktuelle SLS-Markt und die wichtigsten SLS-Prozessschritte werden vorgestellt. Der Schwerpunkt des Buches liegt bei der Bewertung der aktuell verfügbaren SLS-Werkstoffe, hauptsächlich Polyamid 12 und der Performance daraus hergestellter Bauteile.

Die grundlegenden Werkstoffeigenschaften/-varianten unterschiedlicher Hersteller werden ebenso thematisiert wie die Limitationen des Verfahrens aufgrund reduzierter Bauteildichte und -anisotropie, induziert durch den Schichtbauprozess. Ein Ausblick hinsichtlich bereits vorliegender und gewünschter alternativer Materialien rundet das Buch ab.

M. Schmid, *Additive Fertigung mit Selektivem Lasersintern (SLS),* essentials,
DOI 10.1007/978-3-658-12289-8_1

Additive Fertigung 2

Wer sich für additive Technologien interessiert, wird in diesem Zusammenhang auf unterschiedliche Begriffe stoßen, wie z. B.: Generative Verfahren, Freeform Fabrication, 3D-Drucken, eManufacturing, Additive Manufacturing, Direct Digital Manufacturing. Diese Begriffe sind in der ersten Entwicklungsphase der Technologie in verschiedenen Regionen der Welt entstanden, meinen im Wesentlichen aber das Gleiche:

- Die direkte Herstellung von Bauteilen aus elektronischen Daten ohne formgebende Werkzeuge.

Der Begriff 3D-Drucken (engl.: 3D-Printing) nimmt in diesem Zusammenhang eine Sonderstellung ein, da er in letzter Zeit in den Medien gerne als Oberbegriff für die additiven Verfahren verwendet wird. Technologisch ist das aber nicht korrekt.

3D-Drucken ist nur ein Verfahren in einer ganzen Reihe verschiedener additiver Möglichkeiten (siehe ISO 17296-2:2015). In Tab. 2.1 sind die heute wesentlichen additiven Technologien zusammengestellt (in Anlehnung an die Empfehlung VDI 3405 des Vereins Deutscher Ingenieure (VDI)). Die häufig verwendeten englischen Bezeichnungen und die daraus abgeleiteten Kürzel sind angegeben. Weitere Details zu den Verfahren finden sich z. B. bei Gebhardt [7] oder sind im Internet veranschaulicht (z. B. Fa. Additively (CH); www.additively.com).

Mit dem korrekterweise verwendeten Begriff der additiven Fertigung (engl.: Additive Manufacturing (AM)) werden also verschiedene Technologien zusammengefasst, deren gemeinsames Merkmal darin besteht, dass Bauteile schichtweise zusammengefügt werden. Material wird nur dort miteinander verbunden, wo ein Bauteil entstehen soll. Nach der Definition in DIN 8580 handelt es sich damit um ein Urformverfahren.

M. Schmid, *Additive Fertigung mit Selektivem Lasersintern (SLS)*, essentials,
DOI 10.1007/978-3-658-12289-8_2

Tab. 2.1 Überblick über additive Verfahren, ihre Funktionsprinzipien und die verwendeten Werkstoffe

Strangablegeverfahren (engl.: fused deposition modelling)	*FDM*	Kunststofffilamente werden durch eine beheizte Düse geführt und im erwärmten Zustand verklebt	Amorphe Thermoplaste
Wachsdruckverfahren (engl.: poly jet modelling)	*PJM*	Geschmolzene Wachse werden durch einen Druckkopf geführt (analog Tintenstrahldruck). Die Wachstropfen verfestigen sich beim Ablegen	Wachse
Tintenstrahl UV-Druck (engl.: multi jet printing)	*MJP*	Kleine Tropfen von UV-härtenden Präpolymeren werden mit einem Druckkopf ortsaufgelöst abgelegt und durch eine UV-Quelle ausgehärtet	UV-sensitive Acrylate, Epoxide
Stereolithographie (engl.: stereolithography)	*SL(A)*	Ein UV-Laser schreibt die gewünschte Schichtinformation in ein Bad aus UV-härtenden Präpolymeren	UV-sensitive Acrylate, Epoxide
3D-Drucken (engl. 3D-printing, binder jetting)	*3D-P*	Ein geeigneter Binder wird mit einem Druckkopf in ein Pulversubstrat gedruckt. Die Partikel werden miteinander verklebt	Pulverförmige Kunststoffe, Metalle, Keramik
Selektives Lasersintern (engl. selective laser sintering)	*SLS*	Durch den Energieeintrag eines Lasers werden Pulverpartikel ortsaufgelöst verschmolzen	Teilkristalline Thermoplaste
Selektives Laserschmelzen (engl: selective laser melting)	*SLM*	Durch den Energieeintrag eines Lasers werden Pulverpartikel ortsaufgelöst verschmolzen	Schweißbare Metallpulver
Elektronenstrahlschmelzen (engl.: electron beam melting)	*EBM*	Durch den Energieeintrag eines Elektronenstrahls werden Pulverpartikel ortsaufgelöst verschmolzen (verschweißt)	Metallpulver (vorwiegend Titan)
Direktes Metallpulver sprühen (engl.; direct metal deposition)	*DMD*	Ein feiner Metallpulverstrahl wird in den Fokus eines Lasers gesprüht und ortsaufgelöst verschweißt	Schweißbare Metallpulver

► Urformen: Ein fester Körper entsteht aus formlosen Stoffen (flüssig, pulvrig, plastisch); der Zusammenhalt wird geschaffen z. B. durch Gießen, Sintern, Brennen oder Verbacken.

Damit ist die additive Fertigung klar von traditionellen Produktionsverfahren abgegrenzt, bei denen durch zerspanende Subtraktion von Material (Bohren, Drehen, Fräsen, Schleifen) das gewünschte Bauteil entsteht.

Wie bereits erwähnt, sind die additiven Verfahren unter dem Begriff 3D-Drucken aktuell stark in den Medien präsent. Immer wieder spektakuläre neue Bauteile werden vorgestellt, welche mit traditionellen Fertigungsverfahren nicht oder nur sehr schwer realisierbar sind. Funktionsintegration, Individualisierung der Bauteile oder ‚production-on-demand' sind hier nur einige Schlagworte.

Dabei wird häufig übersehen, dass AM-Verfahren unter dem Begriff „Rapid Prototyping (RP)" zum Teil seit über 20 Jahren bekannt sind. Rapid Prototyping wurde und wird auch heute noch vorwiegend für den Modellbau und in der Produktentwicklung eingesetzt, um eine Verkürzung der Entwicklungszyklen zu erzielen. RP-Teile sind in der Regel aber Design- oder Funktionsmuster und erfüllen keine höheren Ansprüche hinsichtlich Belastbarkeit oder direktem technischen Einsatz.

3 Technologiereife additiver Kunststoffverfahren

Technologisch betrachtet basieren die verschiedenen additiven Verfahren auf unterschiedlichen Prinzipien der Materialverbindung, und es kommen auch völlig unterschiedliche Ausgangsmaterialien zum Einsatz (siehe Tab. 2.1). Echte chemische Reaktionen (UV-Härtung) finden Anwendung genauso wie thermisch induzierte Vorgänge (Erweichen, Schmelzen). Das Verkleben einzelner Partikel mit geeigneten Bindemitteln ist ebenfalls weit verbreitet (3D-Drucken) und gelingt mit den unterschiedlichsten Substraten. Aufgrund der völlig verschiedenen technologischen Ansätze ist zu erwarten, dass auch die resultierenden Bauteile unterschiedliche Eigenschaften aufweisen.

Es stellt sich also die Frage, welche der Verfahren Teile produzieren, die nicht mehr vorwiegend als Design- oder Entwicklungsmuster verwendet werden (RP), sondern in industrieller Umgebung bestimmte Funktionen erfüllen können (AM). Bedeutend dabei ist, dass ein „AM-Serienteil" vorab definierten Anforderungen genügen muss, die vom Hersteller auch zu „garantieren" sind.

Darüber hinaus muss sichergestellt sein, dass z. B. das letzte Bauteil einer Serie die Anforderungen genauso erfüllt wie ein am Anfang gebautes. Oder anders ausgedrückt, ein heute produziertes AM-Teil muss die gegebenen Anforderungen gleichermaßen befriedigen wie ein in ein paar Tagen oder in ein paar Monaten gebautes Teil. Diese Anforderung klingt im ersten Moment trivial, ist aber für AM-Verfahren eine große Herausforderung, wenn klar ist, dass sich schon Bauteile innerhalb eines Baus in ihren Eigenschaften unterscheiden können.

Bei Breuninger et al. auf S. 39 [3] und Schmid [11] ist eine quantitative Bewertung der kunststoffbasierten AM-Verfahren hinsichtlich der Bauteileigenschaften nach verschiedenen Randbedingungen vorgenommen. Daraus kann abgeleitet werden, welchen der Verfahren der Sprung von RP zu AM nachhaltig gelingen kann. Verfahren wie SLS und industrielles FDM bei den Kunststoffen sowie SLM

M. Schmid, *Additive Fertigung mit Selektivem Lasersintern (SLS)*, essentials,
DOI 10.1007/978-3-658-12289-8_3

und EBM bei den Metallen stehen an der Schwelle zur Anerkennung als additive Fertigungstechnologien für industrielle Zwecke.

Das selektive Lasersintern (SLS), bei dem Kunststoffpulver mit Hilfe von Laserstrahlung schichtweise zu Bauteilen zusammengefügt werden, ist also eines der AM-Verfahren mit Potential zur „echten" Fertigungstechnologie. Für eine erfolgreiche Anwendung des SLS-Prozesses sind allerdings Kunststoffpulver erforderlich, welche sehr spezifische Anforderungen erfüllen müssen. Ihre Prozesstauglichkeit hängt von vielen Faktoren und Randbedingungen ab (siehe Abschn. 4.4).

Selektives Lasersintern (SLS) 4

4.1 Entwicklung der SLS-Technologie

Der Startschuss für die Entwicklung der SLS-Technologie erfolgte an der University of Texas at Austin, USA. Die Arbeiten von Carl Deckard und Joe Beaman Mitte/Ende der 80er Jahre des letzten Jahrhunderts führten zu den grundlegenden Erkenntnissen des SLS-Prozesses (siehe z. B. US-Patent: 4863538 A – Method and apparatus for producing parts by selective sintering).

Nach der Lizenzierung der Technologie an die Firma DTM (DeskTop Manufacturing) begann die Entwicklung mehrerer Maschinengenerationen (Sinterstation). 2001 erfolgte der Verkauf von DTM an 3D-Systems (www.3d-systems.com). 3D-Systems ist heute die Firma mit dem weltweit größten Maschinenangebot für unterschiedliche AM-Prozesse.

Parallel dazu wurde in Deutschland von der Firma Elektro Optical Systems (EOS) 1994 ein eigenes SLS-Maschinenkonzept vorgestellt, welches bis heute sukzessive weiterentwickelt wurde. EOS fokussierte sich, im Bereich der technischen Entwicklungen, schon sehr früh auf den SLS und SLM Prozess und kann heute als Weltmarktführer für pulverbasierte AM-Verfahren betrachtet werden.

Der Markt für Lasersinter (SLS)-Anlagen wird aktuell also von zwei Firmen dominiert:

- 3D-Systems, Rock Hill (SC), (USA)
- Electro Optical Systems – EOS, Krailling (Deutschland)

Daneben gibt es in Asien noch die Hersteller Aspect/Ricoh (Japan) und Farsoon (China). Deren Maschinen können als Klone der DTM-Technologie betrachtet werden und sind im strukturellen Aufbau sowie in der Prozessführung sehr ähnlich den Anlagen von 3D-Systems.

M. Schmid, *Additive Fertigung mit Selektivem Lasersintern (SLS)*, essentials,
DOI 10.1007/978-3-658-12289-8_4

4.2 SLS-Prozess

Beim SLS-Prozess wird Kunststoffpulver aus Vorratsbehältern sukzessive in dünnen Schichten (meist 100 µm) auf ein Baufeld appliziert und mit Hilfe einer Oberflächenheizung auf eine gewünschte Prozesstemperatur eingestellt. Anschließend wird durch exakte Positionierung von Ablenkspiegeln in einem Laser-Scan-Modul und durch Ein- und Ausschalten eines CO_2-Lasers, die zu einem Bauteil gehörende Schichtinformation in die frisch applizierte Pulverschicht durch Schmelzen „eingeschrieben".

Dies bedeutet, dass durch die Laserenergie die Pulverpartikel ortsaufgelöst aufgeschmolzen werden und sich anschließend als Schichtfragmente eines Bauteils wieder verfestigen. Gelingt durch die Prozessführung die Verbindung von einzelnen Schichten solcher Bauteilspuren, so entsteht, Schicht-für-Schicht, ein neues Bauteil. Der Bauprozess ist also eine sukzessive Abfolge immer gleicher Prozessschritte 1. bis 4.:

1. Absenken der Bauplattform um eine Schichtstärke
2. Applikation von Frischpulver als dünne Schicht auf dem Baufeld
3. Erwärmen der Pulverschicht auf Prozesstemperatur (IR-Strahler)
4. Einschreiben der Schichtinformation mit Laserenergie

In der Prozessabfolge, dargestellt in Abb. 4.1, ist eines der wesentlichen Elemente die korrekte Positionierung des Laserstrahls im 4. Schritt, so dass die geschmolzene Bauteilstruktur auch wirklich nur dort gebildet wird, wo ein Bauteil entstehen soll. Diese Steuerung erfolgt über einen Computer, der die Spiegelpositionen im Laser-Scan-Kopf direkt ansteuert (siehe auch Abb. 4.2). Üblicherweise liegen die Daten eines Bauteils als CAD-Konstruktionsdaten vor (engl.: CAD = Computer aided design). Von einer speziellen Software werden die CAD-Daten in Schichtdaten zerlegt, welche mit den Bauschichten in der SLS-Anlage deckungsgleich sind. Die elektronischen Schichtdaten des Bauteils liegen dann der Kontrolle, Einstellung und Steuerung des Scankopfs zugrunde. Eine absolute Deckungsgleichheit und eine hohe Auflösung der Daten ist für ein gutes Sinterergebnis von entscheidender Bedeutung. Ist die Auflösung der Daten zu gering, kann es speziell in den Kanten und Ecken zu Bauteilfehler kommen, falls Datenpunkte fehlen.

4.3 SLS-Anlagen

Die für die Prozessabfolge dargestellt in Abschn. 4.2 wesentlichen Elemente einer Lasersinteranlage sind in Abb. 4.2 gezeigt.

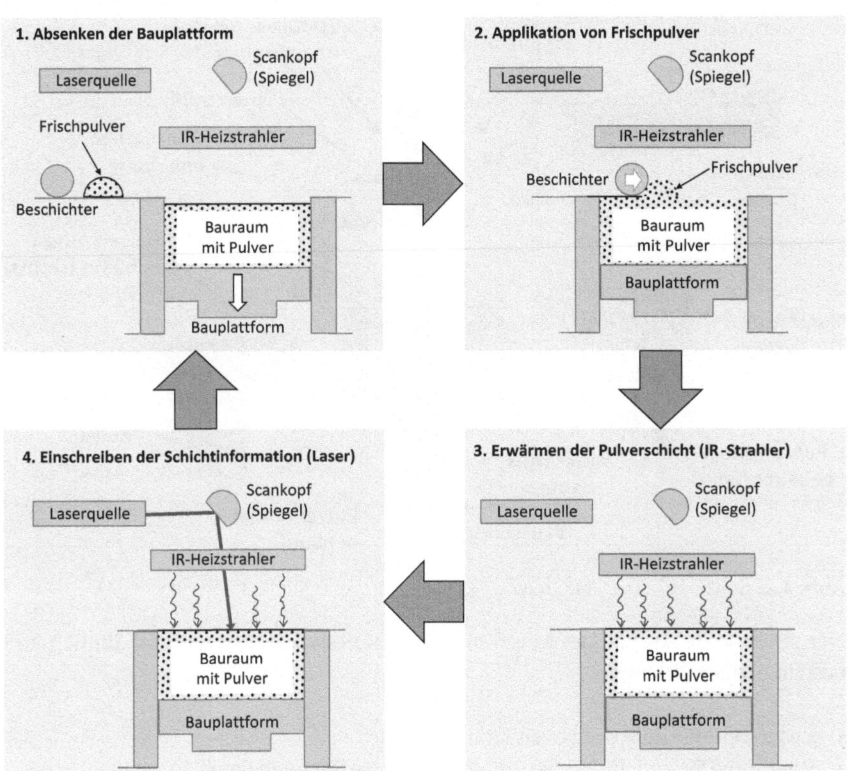

Abb. 4.1 Abfolge der Prozessschritte beim SLS-Verfahren

Kern einer SLS Anlage sind die folgenden Elemente

- Laser: Die SLS-Bearbeitung von Kunststoffen erfolgt mit einem CO_2-Laser (Wellenlänge = 10,6 µm), da viele Polymere in diesem Spektralbereich ausreichend absorbieren.
- 2D-Galvospiegel: Über die hochpräzise geführten Ablenkspiegel im Laser-Scan-Modul wird der Laserstrahl auf die vorgegebene Stelle an der Pulveroberfläche abgelenkt.
- Oberflächenheizung: Diesem Bauelement kommt die Aufgabe zu, die Pulveroberfläche homogen auf die Bauraumtemperatur einzustellen.
- Pulvervorlagebehälter: Abhängig vom jeweiligen Maschinenhersteller befindet er sich innerhalb (3D-Systems) oder außerhalb der Maschine (EOS).
- Baufeld und Bauzylinder: Hier entsteht das eigentliche Bauteil durch wiederkehrende Belichtung neu applizierter Pulverschichten.

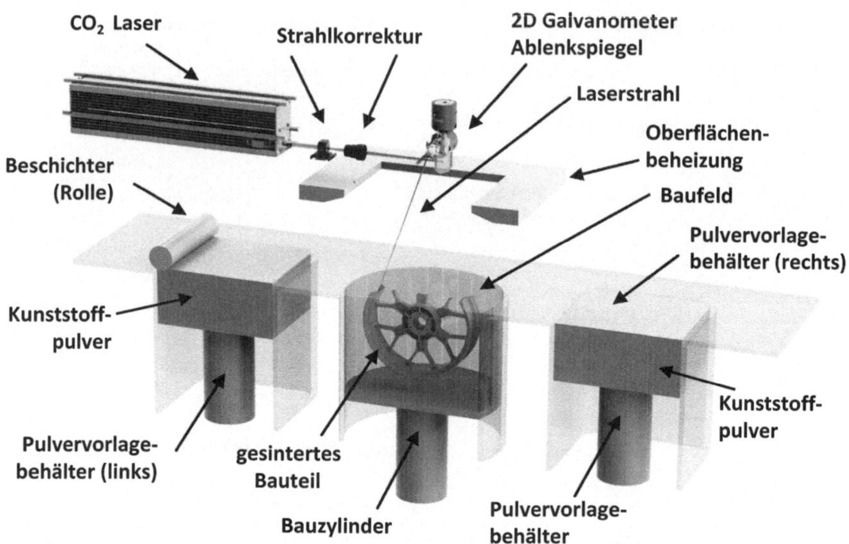

Abb. 4.2 Schematische Darstellung einer SLS-Anlage. (Quelle: F. Amado)

Der strukturelle Aufbau der Maschinen von EOS und 3D Systems ist ähnlich und besteht aus drei Ebenen:

- Laserkammer (alle optischen Komponenten)
- Bauraum (Beschichtung, Baufläche und Oberflächenheizung)
- Pulverbereich (Pulverhandling und Bauteilkammer)

Abbildung 4.3 zeigt die Zonen am Beispiel einer SLS-Anlage der Firma EOS (EOS P 760).

Die Pulverzuführung von Frischpulver während des Bauprozesses erfolgt bei EOS-Maschinen von extern Abb. 4.3, während bei 3D-Systems-Maschinen das Pulver in Vorratsbehältern links und rechts vom Bauraum innerhalb des Equipments bereitgestellt wird Abb. 4.2. Beim Pulverauftrag zum Baufeld verwendet 3D-Systems grundsätzlich Rollen als Beschichtungssystem, während bei EOS unterschiedliche Klingensysteme zum Einsatz kommen.

Der Bereich, in dem die optischen Komponenten untergebracht sind (Laserkammer in Abb. 4.3), ist hermetisch vom Rest der Maschine abgekoppelt, um Kontamination mit Pulver zu vermeiden. Die Schnittstelle zum darunterliegenden Bauraum ist das sogenannte Laserfenster. Dieses besitzt eine nahezu vollständige Transmission für den verwendeten Laser, um Strahlungsverluste zu minimieren.

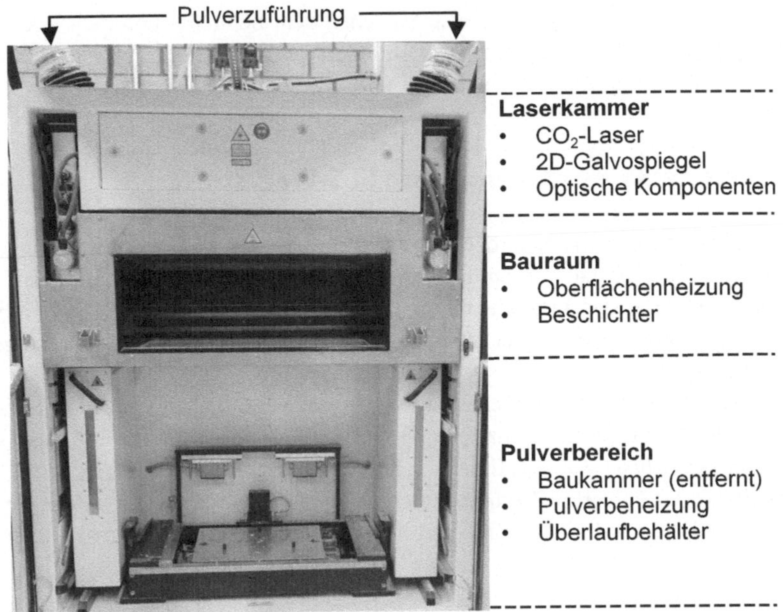

Abb. 4.3 EOS Lasersinteranlage (offen) mit der Einteilung in Prozessbereiche. (Quelle: Inspire AG)

Der Energieanteil der Laserstrahlung im SLS-Prozess, der mit den zu verarbeitenden Materialien (Polymerpulvern) in Kontakt kommt, ist in der „Andrew-Zahl (A_z)" beschrieben [13]. A_z kombiniert die Laserleistung (P_{LS}), die Ablenkgeschwindigkeit des Laserstrahls (v_{LS}) und den Spurabstand zweier aufeinander folgender Laserspuren (d_{LS}) zu einer Grösse, welche die eingebrachte Energie pro Fläche angibt (z. B.: J/mm^2):

$$A_z = P_{\mathrm{LS}} \div \left(v_{\mathrm{LS}} \times d_{\mathrm{LS}}\right)\left[\frac{\mathrm{Ws}}{\mathrm{mm}^2} = \frac{\mathrm{J}}{\mathrm{mm}^2}\right]$$

Die eingebrachte Laserenergie in J/Fläche ist allerdings nur der letzte Bruchteil an Wärmeenergie, der beim SLS-Prozess benötigt wird, um das Pulver ortsaufgelöst zu schmelzen. Der Hauptanteil der benötigten Energie wird durch Vorheizen des Pulvers appliziert. Im Bauraum ist deshalb eine sehr präzise Temperaturführung erforderlich.

Über die Oberflächenheizung wird das Pulver in einem für das Material optimalen Prozessfenster geführt. Dieses SLS-Prozessfenster des Werkstoffs („Sinterfenster“), welches annäherungsweise zwischen dem Schmelz- und dem Kristallisationspunkt eines Polymers liegt, ist eine der wesentlichen Größen hinsichtlich geeigneter Prozessanforderungen an die SLS-Werkstoffe [5].

4.4 Prozessanforderungen an SLS-Werkstoffe

Wie bei anderen Fertigungsprozessen auch, müssen die Werkstoffe, die für den SLS-Prozess eingesetzt werden, bestimmte Randbedingungen erfüllen, damit sie zu einem erfolgreichen Ergebnis führen. Bei Kunststoffpulvern zur SLS-Verarbeitung unterscheidet man zwischen intrinsischen und extrinsischen Materialeigenschaften.

Intrinsische Materialeigenschaften werden im Wesentlichen vom molekularen Aufbau der Polymerketten vorgegeben und können durch äußere Prozesse nur marginal beeinflusst werden. Extrinsische Eigenschaften stehen dagegen mit der Herstellung der Pulver in Zusammenhang, sind also sozusagen von außen vorgegeben. Abbildung 4.4 gibt einen Überblick über die wichtigsten Eigenschaften in diesem Zusammenhang.

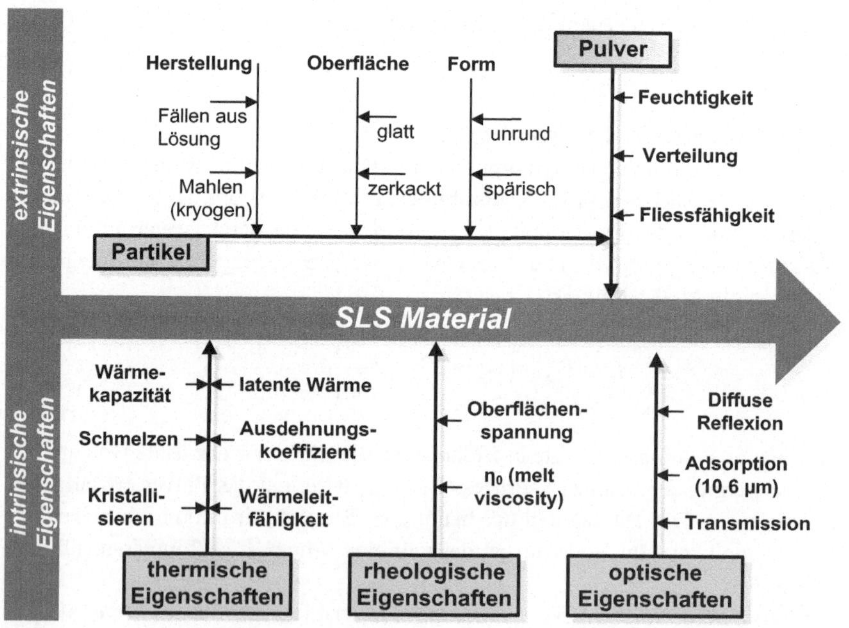

Abb. 4.4 Intrinsische und extrinsische Schlüsseleigenschaften von SLS-Polymeren

Die wichtigsten Faktoren, die ein Polymerpulver erfüllen muss, um erfolgreich im SLS-Prozess eingesetzt werden zu können, sind von Schmid [12] und Goodridge [8] diskutiert. Es wird aufgezeigt, dass es sich um ein komplexes System von miteinander verbundenen Polymereigenschaften und Pulvermerkmalen handelt, welche nicht unabhängig voneinander sind.

Die zwingend erforderliche Eigenschaftskombination eines SLS-Werkstoffs ist nicht leicht zu erzielen. Dies ist ein wesentlicher Grund, weshalb der SLS-Pulvermarkt auch 25 Jahre nach der Kommerzialisierung der Technologie immer noch auf wenige Basispulver beschränkt ist.

4.5 Marktüberblick SLS-Polymere

Im europäischen Markt gibt es heute zehn verschiedene Firmen, die kommerziell SLS-Pulver in nennenswerten Mengen anbieten. Die verfügbaren SLS-Pulver, zugeordnet nach Polymerklassen, sind in Tab. 4.1 zusammengefasst.

Die Firmen mit dem aktuell größten Werkstoffsortiment sind: ALM (USA) und EOS (D), wobei zu bemerken ist, dass ALM eine 100 %ige EOS-Tochter ist. Anschließend folgt die Fa. 3D-Systems mit einem ebenfalls vollständigen Werkstoffgrundsortiment. Zwei Compoundeure, (ExcelTec (F) und Windform (I)) mit einigen Spezialmischungen (Werkstoffblends) für Sonderanwendungen (z. B. Rennsportteile) sind ebenfalls als wesentlich zu nennen.

Tab. 4.1 Anzahl SLS-Pulver für den europäischen Markt nach Polymerklassen

Firma	PA12 natur	PA12 gefüllt	PA11 natur	PA11 gefüllt	Andere	Gesamt
3D-Systems (USA)	2	2	2	1	TPE, PS	9
EOS (D)	9	5	2	–	TPE, PS, PEK	19
Arkema (F)	1	–	2	–	–	32
ALM (USA)	3	15	4	6	PA6, TPE(2), PS	32
ExcelTec (F)	1	1	2	1	–	5
Windform (I)	–	3	–	2	–	5
Solvay (NL)	–	–	–	–	PA6	1
Lehmann&Voss (D)	–	–	–	–	TPU	1
Diamond Plastics (D)	–	–	–	–	PE, PP	2
Rowak (CH)	–	–	–	–	TPE	1
Summe	16	26	12	10	14	78

Aus der Tab. 4.1 ist also zu erkennen, dass die beiden Firmen, EOS und 3D-Systems, welche aktuell den SLS-Maschinenmarkt beherrschen, auch die Distribution der entsprechenden SLS-Pulver kontrollieren. Dies ist weitgehend dem Umstand geschuldet, dass Prozess und Material aufeinander abgestimmt sind. Dies erschwert den Markteintritt unabhängiger Materialproduzenten erheblich. Wertet man die Daten aus Tab. 4.1 grafisch aus, so erhält man das in Abb. 4.5 (links) gezeigte Verteilungsdiagramm. Dieses zeigt eindrücklich auf, dass 85 % aller verfügbaren SLS-Materialien auf Polyamid 12 (PA12) und Polyamid 11 (PA11) entfallen. Analysiert man den Markt nach dem tatsächlichen Materialverbrauch, so ergibt sich eine weitere deutliche Verschiebung zu PA12. Man schätzt heute, dass mindestens 95 % der verwendeten SLS-Pulver auf PA 12 basieren (siehe Abb. 4.5 (rechts)).

Bemerkenswert sind auch die unterschiedlichen Volumina, wenn man den kompletten Kunststoffmarkt mit dem SLS-Markt vergleicht. Die Gesamtmenge an produzierten Kunststoffen in allen Variationen liegt heute bei ca. $290 * 10^6$ t/Jahr. Die Jahresmenge an verkauftem SLS-Pulver beträgt dagegen nur geschätzt ca. 1900 t [9]. Also nur ein winziger Bruchteil des globalen Kunststoffmarktes im Verhältnis von 1:200.000! Aus diesen Zahlen lässt sich die Bedeutung des SLS-Markts im Gesamtzusammenhang erkennen. Es handelt sich nach wie vor um einen absoluten Nischenmarkt, allerdings mit hohen Margen bei den verkauften Werkstoffen.

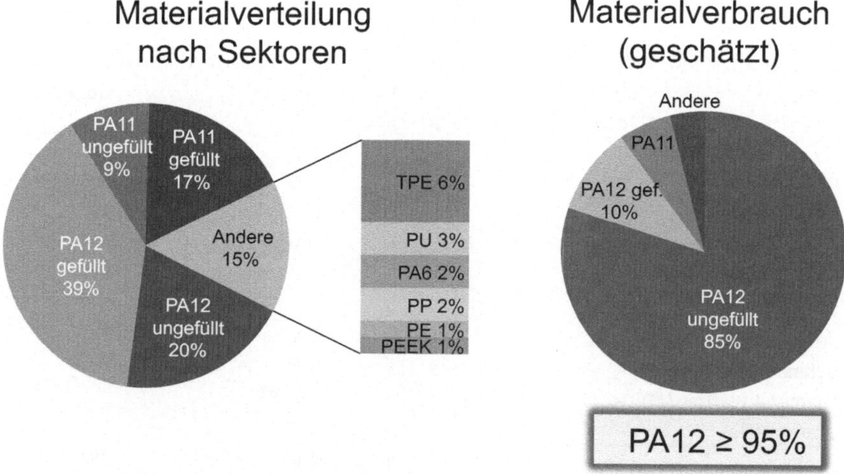

Abb. 4.5 Sektorenverteilung der SLS-Materialien und tatsächlicher Materialverbrauch

Die immer noch geringen Materialvolumina in diesem Businesssegment sind, neben den komplexen Anforderungen an die Werkstoffe (siehe Abb. 4.4), ein weiterer Grund für die bisher geringe Rohstoffauswahl. Die Firmen scheuen die hohen Entwicklungskosten bei den aktuell noch zu erwartenden geringen Materialmengen. Bewahrheiten sich allerdings die Wachstumsprognosen für das Additive Manufacturing, so ist von einer massiven Volumenzunahme in den nächsten Jahren auszugehen.

Abbildung 4.5 zeigt klar auf, dass Polyamid 12 (PA12) absoluter Marktführer bei den SLS-Pulvern ist und mehr als 95 % aller SLS-Teile weltweit auf diesem Werkstoff basieren.

4.6 Polyamid 12 (PA12)

Die Dominanz von Polyamid 12 (PA12) in der SLS-Anwendung ist augenfällig, und aus der Zusammenstellung in Tab. 4.1 kann der Eindruck entstehen, dass es eine ganze Reihe unterschiedlicher Hersteller von PA12-Werkstoffen gibt. In der Realität werden die PA12-SLS-Basispulver aber lediglich von zwei Polymerherstellern synthetisiert: namentlich von den Firmen Evonik (D) und Arkema (F).

Abbildung 4.6 fasst die aktuellen Marktverknüpfungen für PA12-Basispulver für die SLS-Anwendung zusammen. Alle weiteren kommerziellen PA12-SLS-Materialien sind Trockenmischungen (dry blends) der Basispulver mit Additiven und Füllstoffen: Fasern, Metallpulver, Glaskugeln sind hier als wesentliche „Blending"-Bestandteile zu nennen.

Aktuell gibt es also drei PA12-Grundtypen, die den SLS-Markt weitgehend beherrschen:

- **Duraform® PA** von 3D-Systems (USA),
- **PA2200/01** von EOS und
- **Orgasol® Invent Smooth** von Arkema (F)

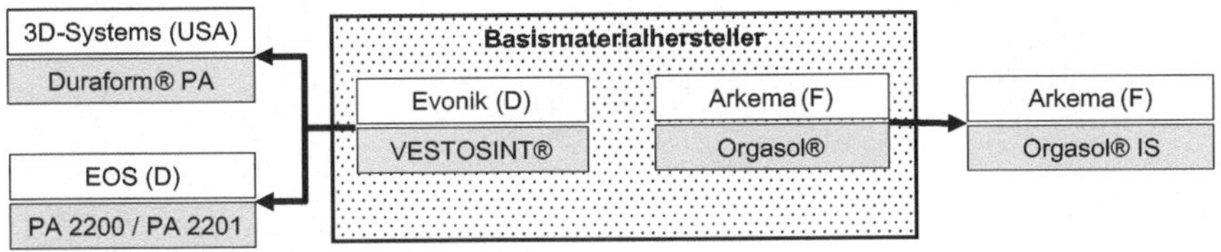

Abb. 4.6 PA12-Basispulver für den SLS-Prozess

Während die Fa. Arkema (F) ihr SLS-Produkt als „Orgasol® Invent Smooth (IS)“ zum Teil direkt vermarktet, werden die Pulver von der Fa. Evonik (D) im Wesentlichen über die SLS-Maschinenhersteller 3D-Systems (USA) und EOS (D) vertrieben. Diese nehmen selbst gewisse Konfektionierungen an den Pulvern vor und gehen von unterschiedlichen Pulverfraktionen aus. Den Grundwerkstoff der Fa. EOS gibt es in zwei Varianten, die sich durch den Zusatz eines Weißpigments (Titandioxid – TiO_2) unterscheiden: PA 2200 mit TiO_2; PA 2201 ohne TiO_2.

Die drei PA12-Grundtypen differenzieren sich in einigen wesentlichen Eigenschaften, welche für den SLS-Prozess bedeutend sind. Dies ist einerseits auf unterschiedliche Herstellungsprozesse zurückzuführen und andererseits auf die Verwendung spezifischer Pulverfraktionen, die sich in der Partikelverteilung unterscheiden.

Abbildung 4.7 zeigt die Pulverpartikelverteilungen der drei PA12-Grundtypen für die SLS-Verarbeitung. Die Differenzen sind deutlich erkennbar. Während Duraform® PA (3D-Systems) eine breite bi-modale Verteilung aufweist, zeigen PA 2200 (EOS) und Orgasol® Invent Smooth (Arkema) eine eher enge Partikelgrößenverteilung, wobei die Verteilung für das Orgasol-Muster noch deutlich schmaler ist als für PA 2200.

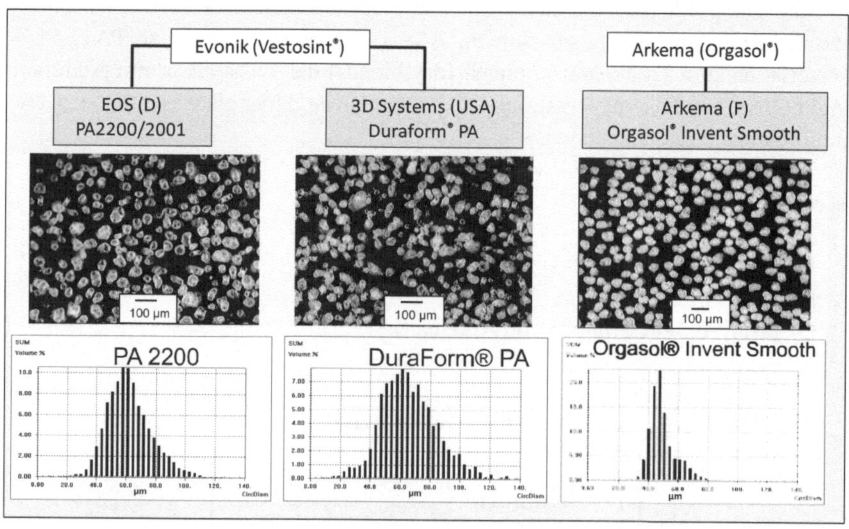

Abb. 4.7 Pulververteilung der wesentlichen PA12 Grundwerkstoffe für die SLS-Verarbeitung. (Quelle: Inspire AG)

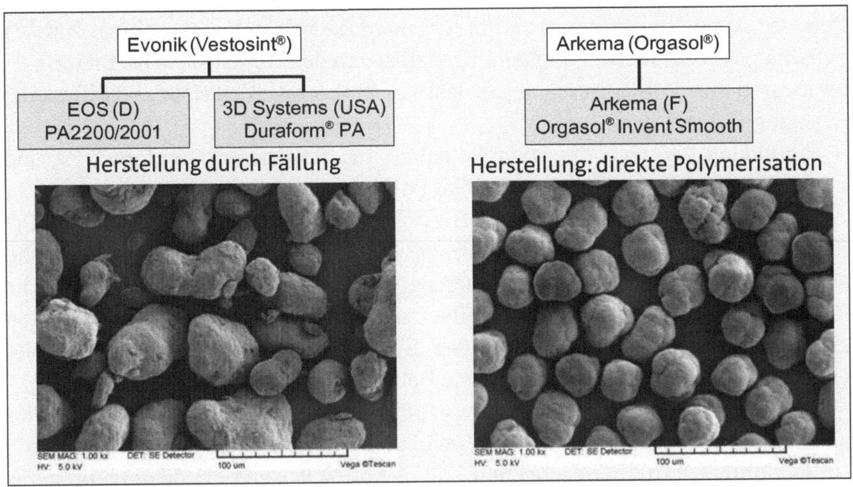

Abb. 4.8 Partikelform der PA12 Grundwerkstoffe für die SLS-Verarbeitung. (Quelle: Empa)

In den mikroskopischen Aufnahmen in Abb. 4.7 (mittlere Reihe) lässt sich diese Tendenz visuell ebenfalls erkennen. Im Falle von Orgasol® Invent Smooth liegen sehr homogene Partikel vor, welche immer in etwa die gleiche Größe aufweisen. Für die beiden Vestosint®-Muster stimmt die Tendenz in der Pulververteilung, erkennbar in den visuellen Bilder ebenfalls. Speziell im Falle von Duraform® PA ist ein hoher Anteil an kleinen Partikeln zu erkennen, die sich in den Messungen als breite Verteilung zu erkennen geben. Es ist aber zu betonen, dass alle Muster in dem für SLS geforderten Verteilungsbereich zwischen 20 und 100 µm liegen.

Wie deutlich sich die Polymerpartikel selbst unterscheiden zeigen die REM-Aufnahmen in Abb. 4.8. Während die Partikel basierend auf Vestosint®-Material die sogenannte Kartoffelform („potato shape“) zeigen, weisen die Orgasol®-Partikel eine nahezu sphärische Form mit einer leicht welligen Oberfläche auf („Blumenkohlstruktur“). Die unterschiedlichen Partikelformen lassen sich mit dem Herstellungsprozess erklären. Während bei Orgasol® die sphärische Struktur der Partikel während des Polymerisationsprozesses (Emulsionspolymerisation) vorgegeben wird [10], werden die Vestosint® Partikel in einem der Polymerisation nachgeschalteten Fällungsprozess erhalten [1], welcher eine exakte Steuerung der Partikelform erschwert.

Im Weiteren unterscheiden sich die Vestosint® und die Orgasol® Materialien auch in ihren thermischen Eigenschaften. Eine speziell wichtige Größe beim SLS-Prozess in diesem Zusammenhang ist das sogenannte „Sinterfenster“ eines

Polymers. Dabei handelt es sich um den thermodynamisch metastabilen Bereich zwischen dem Schmelzen und dem Kristallisieren des Werkstoffs. Das Sinterfenster kann in einer DSC-Messung [6] sichtbar gemacht werden (DSC = Differential Scanning Calorimetry).

Abbildung 4.9 zeigt die DSC-Aufnahme der Polymeren Duraform® PA und Orgasol® Invent Smooth. Das jeweilige Polymer liegt im SLS-Prozess nach dem Aufschmelzen durch den Laser im Bereich des „Sinterfensters“ als unterkühlte Schmelze vor und unterschreitet idealerweise den Kristallisationspunkt nicht. Durch diese korrekte Temperatursteuerung in der SLS-Maschine wird eine rasche Kristallisation unterdrückt und Bauteilverzug („Curling“) vermieden. Daraus lässt sich ableiten, dass ein möglichst großes „Sinterfenster“ für die SLS-Verarbeitung erwünscht ist, um Prozessprobleme wie Bauteilverzug zu umgehen.

Aus der Darstellung in Abb. 4.9 ist offensichtlich, dass das thermische Verhalten der beiden PA12-Grundpolymere in diesem Zusammenhang nicht identisch ist. Duraform® PA (durchgezogene Linie in Abb. 4.9) zeigt ein deutlich breiteres „Sinterfenster“ als Orgasol® Invent Smooth. Sowohl der Schmelzpeak ist zu höheren Werten verschoben als auch der Kristallisationspeak zu tieferen Werten, was für den SLS-Prozess sehr vorteilhaft ist. Temperaturschwankungen im SLS-Bauraum sind für Duraform® PA und PA 2200 damit weniger kritisch als für Orgasol® Invent Smooth.

Die drei Größen Pulververteilung, Partikelform und „Sinterfenster“ haben einen wesentlichen Einfluss auf die Verarbeitbarkeit der PA12-Polymeren beim SLS-Prozess, welcher auch in der täglichen Praxis beobachtet werden kann. Es ist

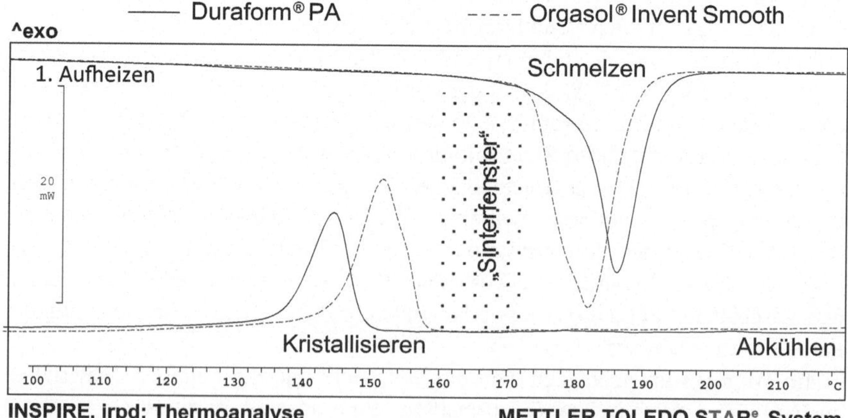

Abb. 4.9 Darstellung des „Sinterfensters“ von Duraform® PA und Orgasol® Invent Smooth

bekannt, dass Orgasol® Invent Smooth aufgrund der hohen Sphärizität der Partikel eine herausragende Pulverfließfähigkeit besitzt, welche beim SLS-Prozess zu sehr homogenen Pulverbettoberflächen und damit zu sehr schönen Bauteiloberflächen führt. Dies ist zusätzlich auch der sehr engen Pulververteilung geschuldet, die bei den SLS-Bauteilen zu einer hohen Detailauflösung mit sehr glatten Oberflächen führt.

Allerdings treten aufgrund des schmaleren Sinterfensters bei Orgasol® Invent Smooth häufiger thermisch induzierte Prozessprobleme auf. Speziell bei älteren SLS-Maschinen, deren Temperatursteuerungen teilweise noch erhebliche Schwankungen aufweisen, kann dies beobachtet werden. In diesem Zusammenhang ist die Prozessperformance der Vestosint® Pulvertypen deutlich unproblematischer. Durch das signifikant größere „Sinterfenster" dieser Werkstoffe ist das thermische Prozessverhalten insgesamt stabiler. Die Oberflächen der mit Duraform® PA und PA 2200 hergestellten SLS-Bauteile sind dagegen tendenziell etwas rauer als Oberflächen von Bauteilen hergestellt mit Orgasol® Invent Smooth.

4.7 Molekulare Eigenschaften von PA12

Die Grundmaterialien der beiden Polymerhersteller unterscheiden sich in einem weiteren sehr wesentlichen Merkmal, der Steuerung der Kettenlänge der PA12-Polymeren. Während bei den Vestosint®-SLS-Typen von sogenannten ungeregelten Polymeren ausgegangen wird, also von Molekülen mit offenen reaktiven Kettenenden, sind beim Orgasol® Invent Smooth die terminalen funktionellen Gruppen der Molekülketten blockiert. Diese minimale molekulare Differenz an den Polymerkettenenden hat erhebliche Auswirkungen auf das makroskopische Verhalten der Werkstoffe beim SLS-Prozess.

Abbildung 4.10 veranschaulicht den Unterschied und erläutert schematisch die Herstellung von Polyamid 12 durch ringöffnende Polyaddition von Laurinlactam (Monomer), welches dem PA12-Polymer zugrunde liegt.

Durch die offenen reaktiven Kettenenden der ungeregelten Polymerketten schreitet während der SLS-Verarbeitung die Kondensationsreaktion an den PA12-Ketten voran (Festphasen-Nachkondensation) und es kommt zu einem Anstieg des mittleren Molekulargewichts [14]. Als erwünschter Effekt führt dieser Anstieg zu einer Steigerung der mechanischen Eigenschaften in den resultierenden SLS-Bauteilen und zu einer guten Schichthaftung, da die Nachkondensation idealerweise auch über Schichtgrenzen erfolgt.

Als negativer Effekt führt die Nachkondensation aber dazu, dass die Kettenverlängerung auch in nicht versinterten Pulvern abläuft. Dies führt zu einem Viskosi-

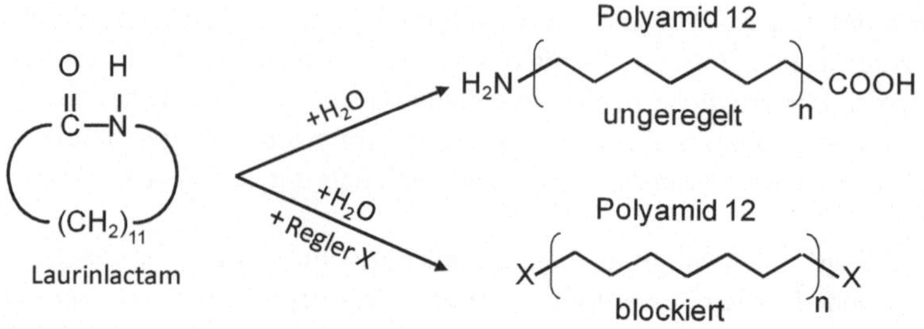

Abb. 4.10 Schema zur Herstellung von Polyamid 12 mit ungeregelten (reaktiven) und blockierten Kettenenden (X)

tätsanstieg und macht das Pulver auf mittlere Sicht für den weiteren Prozesseinsatz unbrauchbar. Dieser Effekt ist bei SLS-Verarbeitern bekannt und wird als Alterung des PA12-Pulvers bezeichnet.

In der Praxis versucht man diesen unerwünschten Effekt abzufedern, in dem man in der Regel immer eine Mischung aus neuem und gealtertem Pulver für den Prozess einsetzt. Ist das Pulver zu stark gealtert, muss es verworfen werden, was einen erheblichen Kostentreiber beim SLS-Prozess darstellt.

4.8 Bauteil- und Werkstoffperformance

Analysiert man die Daten in Tab. 4.2, so erkennt man beim Vergleich von SLS- und Spritzguss Proben folgende Trends:

- Die E-Module der SLS-Proben liegen etwas höher als bei Spritzguss-Proben.
- Die maximalen Zugfestigkeiten sind annähernd identisch.
- SLS-Proben zeigen Sprödbruch und bei der Bruchdehnung signifikant tiefere Werte.

Diese teils signifikanten Unterschiede lassen sich durch Bauteilmikrostrukturen erklären, welche sich bei den unterschiedlichen Herstellungsprozessen ausbilden.

Das etwas höhere E-Modul der SLS-Proben fußt auf der Tatsache, dass dieser Wert im Zugversuch für sehr geringe Dehnungen ($<1\,\%$) ermittelt wird. In diesem Bereich der linearen „energieelastischen" Belastung ist hauptsächlich der innere Zusammenhalt der Moleküle für den Werkstoff charakteristisch.

Im Falle der SLS-Proben kommt hier zum Tragen, dass sich prozessbedingt deutlich größere sphärolithische Strukturen und eine insgesamt höhere Kristallinität ausbilden, als das beim Spritzguss der Fall ist. In kristallinen Strukturen liegt

Tab. 4.2 mechanische Kennwerte von SLS-Proben und PA12-Spritzgusstypen

Probe	E-Modul (MPa)[a]	Zugfestigkeit (MPa)[a]	Bruchdehnung (%)[a]
PA12 – Spritzgusstypen			
Grilamid L16; EMS-Chemie (CH)	1500	45	>50 (duktil)
Vestamid L1670; EVONIK (D)	1400	46	>50 (duktil)
PA12 – SLS-Werkstoffe			
Orgasol® Invent Smooth; Arkema(F)	1800	45	20 (Sprödbruch)
Duraform® PA; 3D-Systems (USA)	1586	43	14 (Sprödbruch)
PA 2200; EOS (D)	1650	48	18 (Sprödbruch)

[a] alle Angaben aus Herstellerdatenblättern

eine hohe Nahordnung der Moleküle und damit ein hoher innerer Zusammenhalt über zwischenmolekulare Kräfte vor (z. B. Wasserstoffbrückenbindungen bei Polyamiden), welcher sich makroskopisch im höheren E-Modul-Wert zu erkennen gibt.

Die maximale Zugfestigkeit der SLS-Proben ist nahezu identisch mit den Spritzguss-Proben. Dieser Kennwert wird im Zugversuch bei ansteigender Belastung ermittelt, kurz bevor die Probe bricht oder durch „Einschnürung" der mechanischen Belastung ausweicht. Hier sind, wie zu erwarten, keine signifikanten Unterschiede zwischen den Proben verschiedener Verfahren detektierbar. Dieser Wert ist hauptsächlich durch den Polymertyp und weniger durch den Verarbeitungsprozess determiniert.

Erreicht man allerdings die maximale Zugfestigkeit, so ergeben sich signifikante Unterschiede zwischen Spritzguss- und SLS-Proben, wenn die mechanische Belastung weiter gesteigert wird. Während Spritzguss-Proben durch das typische Phänomen der „Einschnürung" reagieren und Dehnungen weit über 50 % erzielen, neigen SLS-Proben zum Sprödbruch, wie es eher von Duromeren, also vernetzten Werkstoffen erwartet wird. Die Einschnürung der Spritzguss-Proben, fußt molekular auf einer langsamen und stetigen Linearisierung der Polymerknäuel in Belastungsrichtung [2]. Dies setzt eine hohe Probendichte und wenige Fehlstellen („Sollbruchstellen") in der Polymermatrix voraus.

Beides ist bei SLS-Proben prozessbedingt nicht in genügendem Ausmaß gegeben. Dadurch, dass bei SLS mit pulverartigen Ausgangswerkstoffen gearbeitet wird, ist die Packungsdichte, auch bei hoch sphärischen Pulvern, bei ca. 60 % in der Pulverschüttung limitiert. In der Regel liegen die Pulverdichten bei SLS-Pulvern sogar tiefer (max. 55 %). Das bedeutet, das Pulverbett ist beim SLS vor dem Einkoppeln des Lasers eine Mischung aus Pulver und Luft, und nach dem Auf-

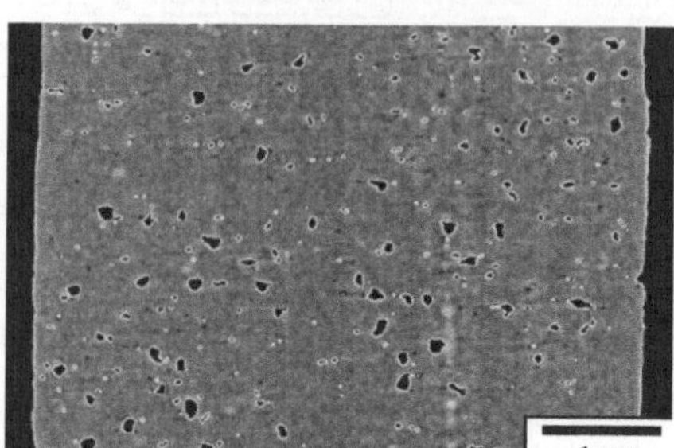

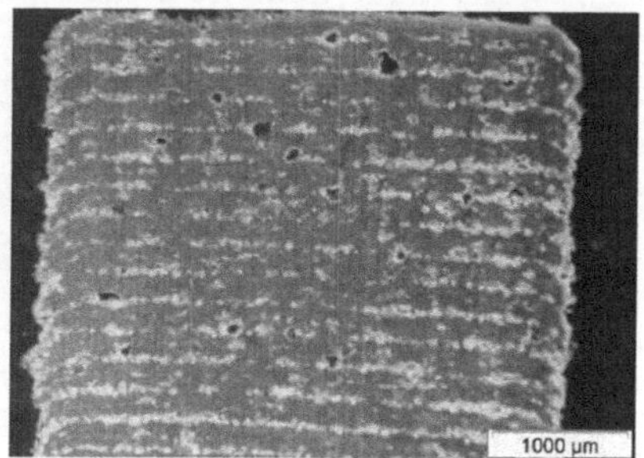

Abb. 4.11 Abbildung der Hohlraumstruktur bei PA12-SLS-Proben mit µ-CT (links) und Querschliffaufnahme einer stehend gebauten PA12-SLS-Probe (rechts). (Quelle: BLZ GmbH)

schmelzen der Partikel sollte das Gas möglichst vollständig aus der geschmolzenen Schicht entweichen, bevor die nächste Pulverschicht appliziert wird.

Dies gelingt in der Regel aufgrund der höheren Schmelzviskosität von Polymeren nur unvollständig, so dass eine gewisse Restporosität in den SLS-Proben verbleibt. Diese beträgt auch bei optimierten Prozessparametern gemäß [4] zwischen 4 und 6 %. Abbildung 4.11 (linkes Bild) zeigt visuell die Porosität einer Schicht einer PA12-SLS-Probe, aufgenommen mit µ-CT (CT = Computer Tomographie). Die poröse Struktur mit vielen Hohlräumen (schwarze Punkte) ist klar zu erkennen.

Die Strukturinhomogenität in den SLS-Proben in Form von Hohlräumen wirkt beim Zugversuch wie Sollbruchstellen und unterstützt die Rissausbreitung, so dass beim Erreichen der maximalen Zugfestigkeit in der Regel auch der Bruch der Proben erfolgt.

Die mechanischen Eigenschaften von SLS-Proben werden also, wie erläutert, durch unterschiedliche Phänomene der sich ausbildenden Mikrostrukturen bestimmt. Speziell die reduzierten Bruchdehnungen bei SLS-Proben sind in der Industrie ein häufig angeführter Kritikpunkt der additiven Verfahren, obwohl eine Bruchdehnung von > 10 % für viele Anwendungen sehr gut ausreichend ist.

Im Falle der SLS-Verarbeitung kommt es aufgrund des schichtweisen Aufbaus der Proben zu einer weiteren prozesstypischen Beeinflussung der Bauteileigenschaften. Abbildung 4.11 (rechtes Bild) zeigt die Schichtstruktur eines SLS-Bauteils. Es ist klar zu erkennen, dass es an den Schichtgrenzflächen zu Inhomogenität und dadurch bedingt zu eingeschränkter Schichthaftung kommt. Es ist also zu erwarten, dass SLS-Proben schichtspezifische Eigenschaften, parallel und quer zur Pulverschicht, aufweisen.

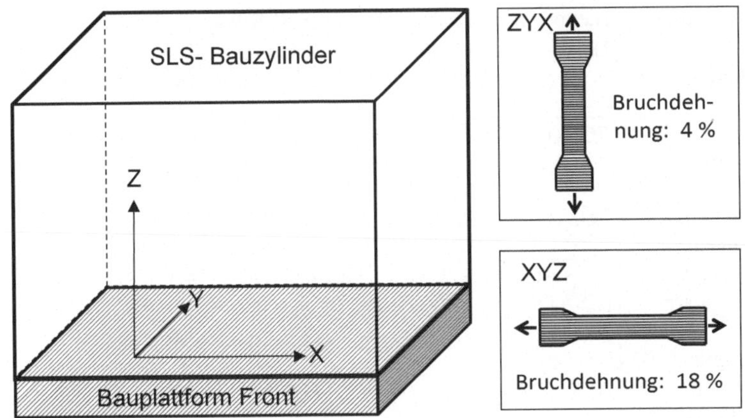

Abb. 4.12 Bauorientierung von SLS-Proben und der Einfluss auf die Bruchdehnung

Für die Ermittlung der mechanischen Eigenschaften spielt es also eine Rolle, in welcher Orientierung die Proben im Bauraum hergestellt wurden: War die Schichtlage beim Bau parallel oder vertikal zur Belastungsrichtung. Abbildung 4.12 zeigt dies schematisch. Die Benennung der Proben folgt dabei der Hierarchie der Hauptachsen der Orientierung. Die Pfeile geben an, in welche Richtung der Zugversuch erfolgt.

In Abb. 4.12 sind schematisch zwei Zugproben abgebildet, welche in verschiedene Richtungen im SLS-Bauzylinder gebaut wurden. Die Unterschiede in der Bruchdehnung sind markant: XYZ-Orientierung = 18 %; ZYX-Orientierung = 4 %. Liegen die Bauebenen der Probe quer zur Belastungsrichtung im Zugversuch (ZYX-Orientierung), so beträgt die Bruchdehnung also nur noch etwa ein Viertel des Ausgangswertes der liegend gebauten Probe (XYZ) (richtungsabhängige anisotrope Bauteileigenschaften). Die reduzierte Schichthaftung spielt bei den mechanischen Eigenschaften also eine wesentliche Rolle.

Der „Anisotropie-Effekt" wird noch ausgeprägter, wenn verstärkte SLS-Werkstoffe in diesem Sinn untersucht werden. Wie bereits in Abschn. 4.5 thematisiert ist, werden für die SLS-Verarbeitung eine Reihe von Werkstoffblends angeboten. Diese Materialien sind z. B. mit Fasern oder Glaskugeln vermischte SLS-Basispulver, wodurch die mechanischen Eigenschaften positiv beeinflusst werden. Speziell die Erhöhung des E-Moduls gelingt auch in diesem Sinn (siehe Daten in Tab. 4.3). So kann z. B. ein E-Modul von mehr als 8000 MPa mit kohlefaserverstärkten SLS-Werkstoffblends (PA 802-CF (Fa. ALM)) erreicht werden.

Tab. 4.3 Zusammenstellung mechanischer Daten von SLS-Werkstoffblends

Name/ Zuschlagstoff	Hersteller	E-Modul XYZ (MPa)[a]	E-Modul ZYX (MPa)[a]	Bruchdehnung XYZ (%)[a]	Bruchdehnung ZYX (%)[a]
CarbonMide® Kohlefasern	EOS (D)	6100	2200	4,1	1,3
PA 3200 GF Glaskugeln	EOS (D)	3200	2500	9,0	5,5
Duraform®HAST Mineralfasern	3D-Syst. (USA)	5725	3000	4,5	2,7
PA-615 GS Glaskugeln	ALM (USA)	4100	2137	1,6	–
PA 802-CF Kohlefasern	ALM (USA)	8211	1453	8,0	4,0

[a] alle Angabe aus Herstellerdatenblättern

Allerdings ist auch hier der Effekt der Anisotropie zu beachten, der in der Regel bei SLS-Werkstoffblends noch ausgeprägter ist als bei den entsprechenden Basismaterialien. Der Datenvergleich XYZ- mit ZYX-Orientierung in Tab. 4.3 zeigt dies eindrücklich auf. Sowohl die E-Moduldaten als auch die Bruchdehnungen in ZYX-Richtung sind jeweils signifikant tiefer als die entsprechenden Werte in XYZ-Orientierung.

Dies ist darauf zurückzuführen, dass bei den verwendeten Werkstoffblends zwischen den einzelnen Bauschichten keine oder nur eine sehr geringe Verstärkung durch die applizierten Additive erzielt wird. Die „Werkstoffoptimierung" durch „Blending" gelingt nur innerhalb einer Bauschicht, aber nicht vertikal dazu. Die Fasern oder anderen Zuschlagstoffe sind durch den schichtweisen Pulverauftrag räumlich in ihrer jeweiligen Schicht gebunden, und die Verstärkung findet kaum oder gar nicht über die Schichtgrenzen hinweg statt.

Trotz aller beschrieben Limitationen sind die Werkstoffe auf PA12- und PA11-Basis bisher die mit Abstand überzeugendsten Werkstoffe im SLS-Einsatz. Wenn man von einigen typischen Vertretern aus diesem Materialportfolio die E-Module über den Bruchdehnungen aufträgt, so erkennt man, wie in Abb. 4.13 gezeigt, den Eigenschaftsbereich, der sich mit aktuellen SLS-Werkstoffen grob abdecken lässt. Eigenschaften innerhalb des gekrümmten, bananenförmigen Bereichs (rote Linie) können mit kommerziellen Materialien erhalten werden (alle Angaben entsprechen der XYZ-Orientierung):

- E-Module bis 8000 MPa bei einer maximal Bruchdehnung bis ca. 10 %.
- Bruchdehnungen bis gegen 50 % mit einem Modul bis maximal 2000 MPa.

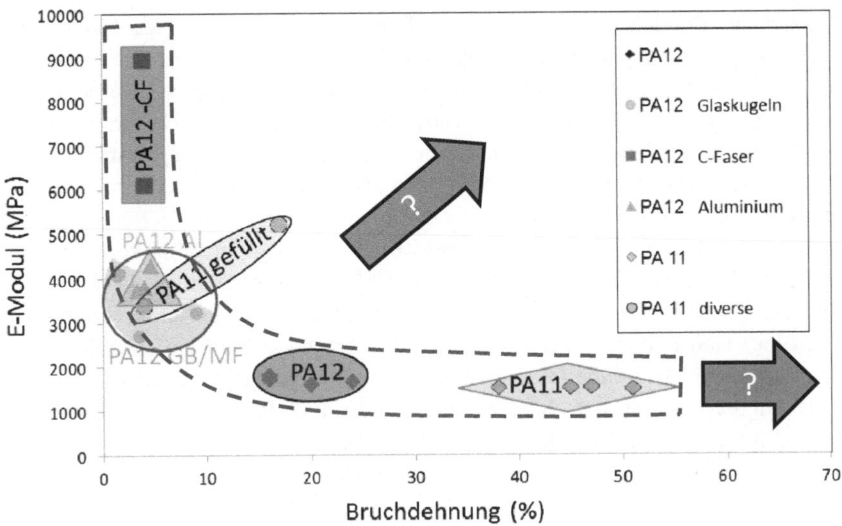

Abb. 4.13 Mechanische Eigenschaften aktueller SLS-Werkstoffe auf PA12- und PA11-Basis

In der Abb. 4.13 ist mit den Pfeilen mit Fragezeichen aber schon angedeutet, dass eine Erweiterung des Eigenschaftsbereiches angezeigt ist und von der Industrie auch gefordert wird, um den Einsatzbereich der SLS-Technologie zukünftig noch deutlich zu erweitern.

4.9 Werkstoffentwicklungen und Ausblick

Es gibt und gab in den letzten Jahren viele Ansätze, weitere SLS-Materialien zu entwickeln. Zum einen wurden speziell im Bereich der elastischen, gummiähnlichen Materialien einige Werkstoffe auf Basis thermoplastischer Elastomere (TPE/PEBA) und auf Basis der Polyurethane (TPU) eingeführt, welche hauptsächlich auf die Bedürfnisse der Schuh- und Sportartikelindustrie abgestimmt sind. Zu nennen sind hier:

- Duraform® FLEX (3D-Systems)
- PrimePart® ST (EOS)
- Luvosint® X92A (Lehmann & Voss)

Mit diesen Materialien lassen sich elastomerähnliche Prototypen herstellen, die gewisse Anforderungen bezüglich Flexibilität erfüllen, aber in der Regel nicht für Serienteile einsetzbar sind.

Auch im Bereich der teilkristallinen Polymerwerkstoffe gibt es Ansätze für neue erfolgversprechende SLS-Materialien. Speziell ein PA6 Pulver der Fa. Solvay und ein Co-Polypropylen (Asphia-PP), welches in Japan entwickelt wurde, geben Anlass zur Hoffnung, dass sich der Einsatzbereich der SLS-Technologie in Zukunft durch neue Materialeigenschaften erweitern lässt. Ob die Werkstoffe letztlich den Nischenbereich verlassen werden, kann aber aktuell noch nicht abschließend beurteilt werden.

Ein sehr spezieller Fall ist in diesem Zusammenhang der High-Performance-Werkstoff PE(E)K. Die Fa. EOS hat eine SLS-Maschine entwickelt (EOSint P 800), welche in der Lage ist, dieses sehr hochschmelzende Material zu verarbeiten. Allerdings sind Pulver und Equipment sehr teuer und so stark aufeinander abgestimmt, dass die Maschine für kein anderes Material verwendet werden kann. Nur im Hochpreissegment, z. B. Medizintechnik oder auch Raumfahrt, werden solche Teile aufgrund der exorbitanten Kosten eingesetzt

5 Zusammenfassung

Das vorliegende Buch thematisiert die Technologie des Selektiven Lasersinterns (SLS). In der Einführung werden die kunststoffverarbeitenden additiven Technologien kurz vorgestellt und an anhand ihrer Leistungsfähigkeit und Limitationen bewertet. Dabei ist klar erkennbar, dass nur Technologien wie FDM und SLS kurz- bzw. mittelfristig in der Lage sein werden, den Bereich des Rapid Prototypings zu verlassen und zur Herstellung von Funktionsteilen, die höheren Belastungen standhalten, geeignet sind.

Im Weiteren wird die SLS-Technologie vorgestellt und sowohl Prozessvorgänge als auch Maschinendetails erläutert. Der aktuelle Markt der SLS-Maschinen und SLS-Materialien wird schlaglichtartig beleuchtet. Als Folge der Erkenntnis, dass sich der Hauptanteil der Materialien von PA12 ableitet, werden die spezifischen Details erläutert, warum gerade dieses teilkristalline Polymer bei der SLS-Verarbeitung herausragende Ergebnisse erzielt. Die Verfügbarkeit geeigneter Pulver und einige molekulare Besonderheiten werden aufgezeigt. Die erzielbare Werkstoff- und Bauteilperformance und auch die Limitationen aufgrund spezieller Mikrostrukturen und der prozessinhärenten Anisotropie bilden den Abschluss der Betrachtungen.

Im Überblick kann gesagt werden, dass die SLS-Technologie einerseits erhebliches Potential bietet, um die Herstellung komplexer Kunststoffbauteile zu revolutionieren, da aufgrund des schichtweisen Aufbaus der Teile der Komplexität fast keine Grenzen gesetzt sind. Andererseits sind noch erhebliche Beiträge aus der Forschung, Materialentwicklung und Qualitätssicherung zu leisten, um den Einsatzbereich der SLS-Technologie für viele weitere Branchen attraktiver zu machen.

M. Schmid, *Additive Fertigung mit Selektivem Lasersintern (SLS)*, essentials,
DOI 10.1007/978-3-658-12289-8_5

Literatur

1. Baumann, F., et al. (1998). Herstellung von Polyamid-Fällpulvern mit enger Korngrössenverteilung und niedriger Porosität, Patent DE 19708946 A1 (Hüls AG).
2. Bonten, C. (2014). *Kunststofftechnik: Einführung und Grundlagen*. München: Carl Hanser Verlag. ISBN: 978-3-446-44093-7.
3. Breuninger, J., et al. (2013). *Generative Fertigung mit Kunststoffen – Konzeption und Konstruktion für Selektives Lasersintern, 39*. Berlin: Springer Vieweg Verlag. ISBN: 978-3-642-24324-0.
4. Dupin, S. (2012). Microstructural origin of physical and mechanical properties of polyamide 12 processed by laser sintering. *European Polymer Journal, 48,* 1611–1621.
5. Drummer, D. (2010). Development of a characterization approach for the sintering behavior of new thermoplastics for selective laser sintering. *Physics Procedia, 5,* 533.
6. Ehrenstein, G. W. (2003). *Praxis der thermischen Analyse von Kunststoffen*. München: Carl Hanser Verlag. ISBN: 978-3-446-22340-0.
7. Gebhardt, A. (2014). *3D-Drucken – Grundlagen und Anwendungen des Additive Manufacturing (AM)*. München: Carl Hanser Verlag. ISBN: 978-3-446-44238-2.
8. Goodridge, R., et al. (2012). Laser sintering of polyamides and other polymers. *Progress in Materials Science, 57,* 229–267.
9. Gornet, T. (2015). In Wohlers Report, Additive Manufacturing and 3D Printing State of the Industry – Annual Worldwide Progress Report. ISBN: 0-9754429-9-6.
10. Loyen, K., et al. (2004). Verfahren zur Herstellung von hochschmelzenden Polyamid 12 Pulvern, Patent: EP 1’571’173 B1 (Arkema).
11. Schmid, M. (2014). AM auf dem Weg in die Produktion, Kunststoff-Xtra, September 2014, 6–9, ISSN 1664-3933.
12. Schmid, M., et al. (2014). Materials perspective of polymers for additive manufacturing with selective laser sintering. *Journal of Materials Research (Focus Issue Additive Manufacturing), 29*(17), 1824–1832.
13. Williams, J., et al. (1998). Advances in modeling the effects of selected parameters on the SLS process. *Rapid Prototyping Journal, 4*(2), 90–100. ISSN 1355-2546.
14. Zarringhalam, H., et al. (2006). Effects of processing on microstructure and properties of SLS Nylon 12. *Materials Science and Engineering A, 435–436,* 172–180.

M. Schmid, *Additive Fertigung mit Selektivem Lasersintern (SLS)*, essentials,
DOI 10.1007/978-3-658-12289-8